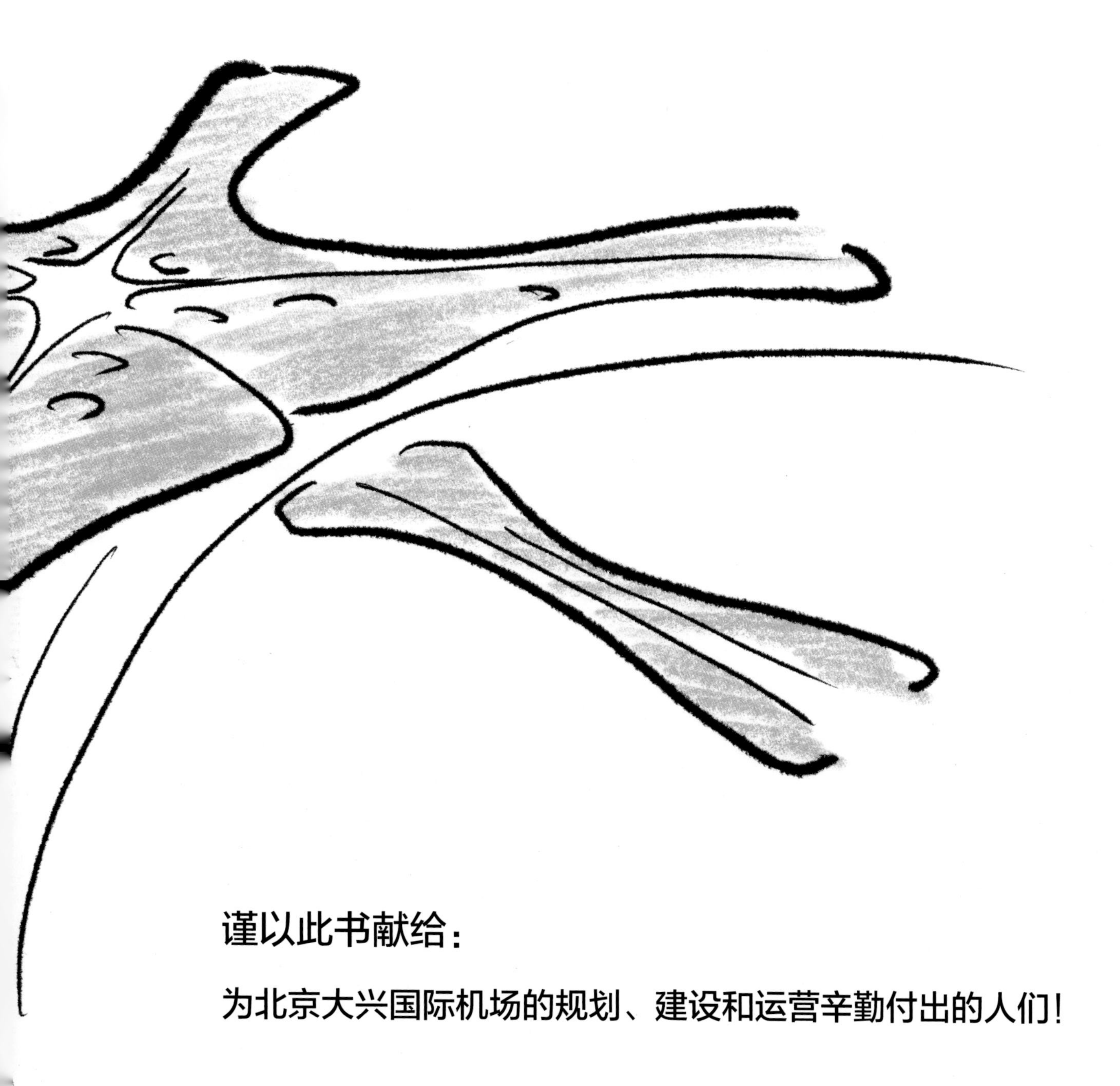

谨以此书献给：

为北京大兴国际机场的规划、建设和运营辛勤付出的人们！

图书在版编目（CIP）数据

新机场，出发！ / 王亦知，王令及著．-- 北京：朝华出版社，2020.9（2023.7 重印）
ISBN 978-7-5054-4668-7

Ⅰ．①新… Ⅱ．①王…②王… Ⅲ．①国际机场－建筑设计－大兴区－少儿读物 Ⅳ．① TU248.6-49

中国版本图书馆 CIP 数据核字 (2020) 第 163770 号

新机场，出发！

作　　者　王亦知　王令及

出 版 人　汪　涛
选题策划　刘冰远
责任编辑　宋　爽
特约编辑　梁品逸　秦霁政
责任印制　陆竞赢　崔　航
装帧设计　李金刚

出版发行　朝华出版社
社　　址　北京市西城区百万庄大街 24 号　　邮政编码　100037
订购电话　（010）68996522
传　　真　（010）88415258（发行部）
联系版权　zhbq@cicg.org.cn
网　　址　http://zhcb.cipg.org.cn
印　　刷　北京利丰雅高长城印刷有限公司
经　　销　全国新华书店
开　　本　889mm × 1194mm　1/16　　　字　　数　38 千字
印　　张　3
版　　次　2020 年 9 月第 1 版　2023 年 7 月第 2 次印刷
装　　别　精
书　　号　ISBN 978-7-5054-4668-7
定　　价　50.00 元

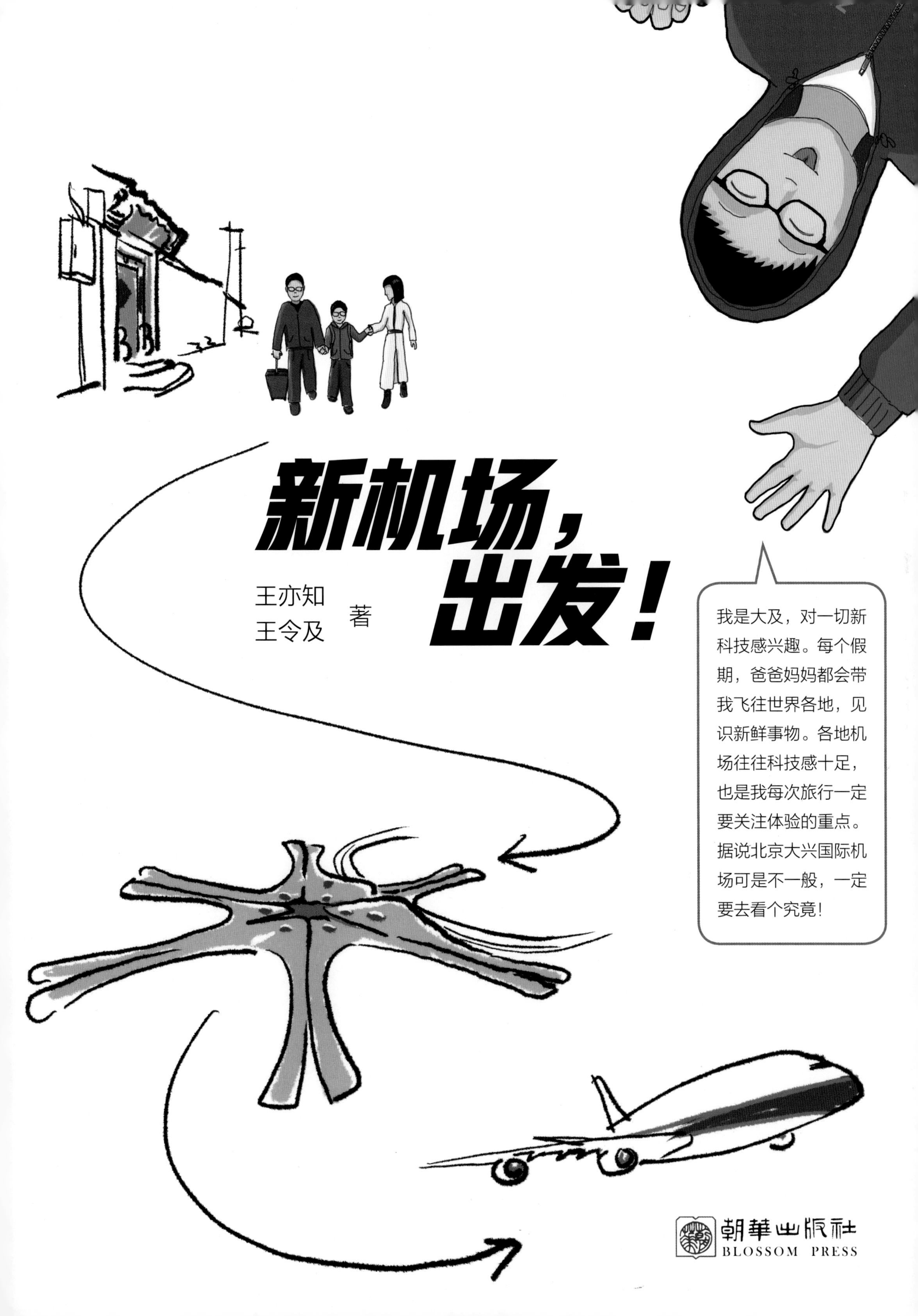
新机场，出发！
王亦知
王令及
著
我是大及，对一切新科技感兴趣。每个假期，爸爸妈妈都会带我飞往世界各地，见识新鲜事物。各地机场往往科技感十足，也是我每次旅行一定要关注体验的重点。据说北京大兴国际机场可是不一般，一定要去看个究竟！
朝華出版社
BLOSSOM PRESS

CCTV 13
新 闻
新闻联播
9月25日
C919
去过很多次首都机场了，这次要好好看看大兴机场，究竟有什么不一样。

新机场通航啦！
大及，咱们这次出国旅游，
就是从大兴机场出发。
大兴国际机场今日通航
·北京 晴 18~23℃ · 哈尔
C919

新机场在哪儿？

作为科技小达人，大及在出发前例行要做些功课。网上稍加检索，关于大兴机场的资料可真不少：早在1993年，机场规划师们就忙碌起来，为北京寻找建设第二座航空枢纽的场地。北京市区是禁飞区，西部、北部是山地，均无法建设机场。东北方向又有首都机场，只有南边有建设新机场的条件。新机场最终选址落在了天安门以南46千米处、北京中轴线的延长线上，这里正好位于京津冀地区的中心地带。**象征龙**的首都机场和**寓意凤凰**的大兴机场一北一南，形成北京航空的双枢纽。

虽然大兴机场离市区较远，但是规划者为它安排了强大的综合交通网络，包括四条高速公路和三条轨道交通线路，方便未来每年超过1亿人次的旅客往来。你能在图上找到这些路线吗？

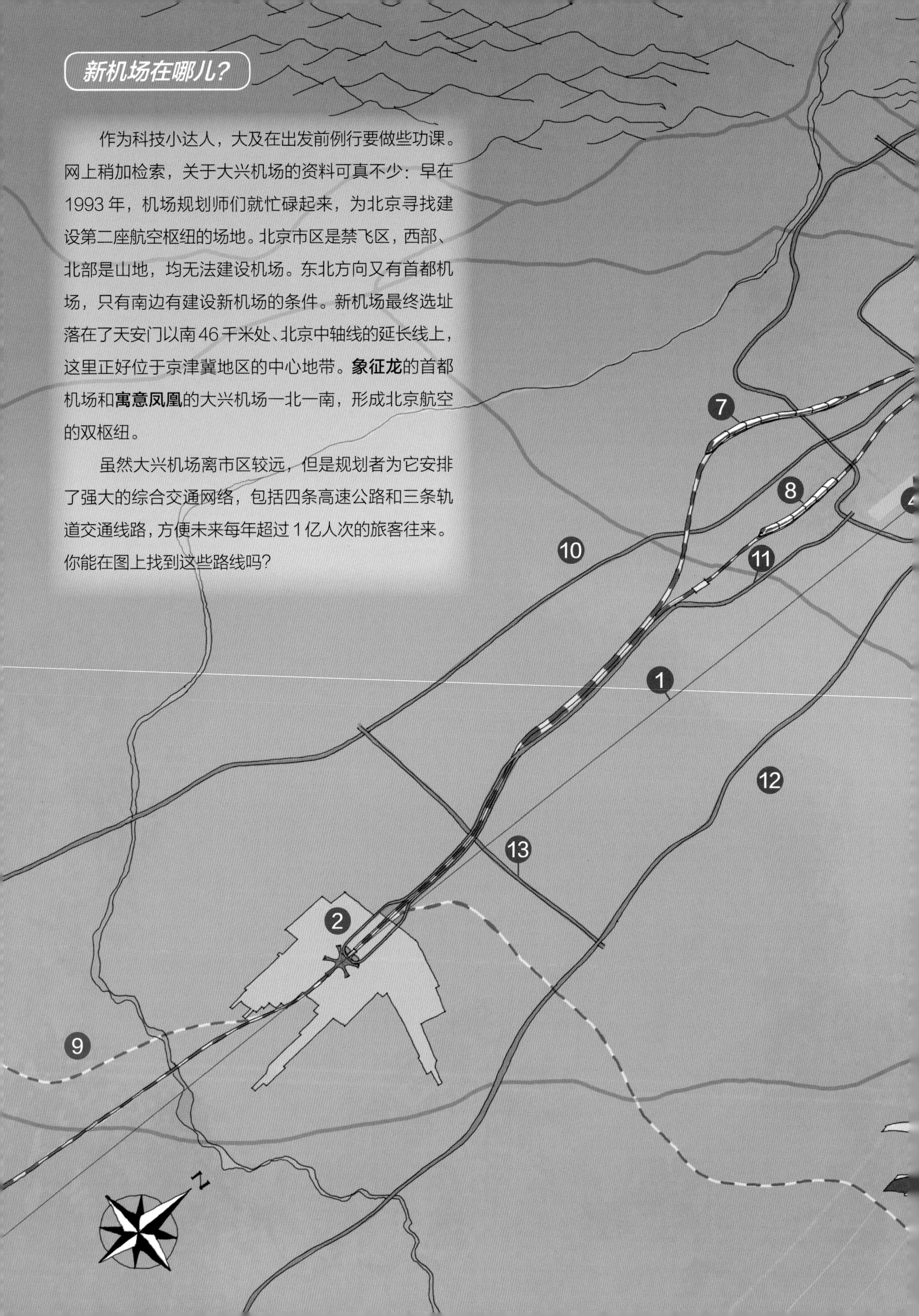

1 北京城市中轴线
2 北京大兴国际机场
3 北京首都国际机场
4 南苑机场（停航）
5 地铁草桥站
6 北京西站
7 京雄城际铁路
8 地铁大兴机场线
9 城际铁路联络线（在建）
10 大广高速
11 大兴机场高速
12 京台高速
13 大兴机场北线高速
6
3
5
十年前开始做的大兴机场规划，在今天看来仍然很超前，我感觉很自豪！

快捷的大兴机场线

出发的日子到了，见惯了世面的大及居然有些小兴奋，以至于头天晚上一直睡不着。一早迷迷糊糊中被爸爸从被窝里拖出来，呀！时间可是有些晚了。

好在爸爸胸有成竹，一家人选择了去往大兴机场最快的交通方式：乘坐地铁大兴机场线。大兴机场线是目前国内行驶速度最快的地铁线路，最高速度可达 160 千米 / 小时。从草桥站出发，19 分钟就可以到达大兴机场。而且，在草桥站就可以完成值机和行李托运，简直太方便了。

大兴机场可是真正的智慧机场，智能化程度很高，可以实现“多点值机”——在不同平台都可以值机，还可以在不同的地点托运行李。一边赶路，大及脑子里还不断冒出这些信息。

各种各样的参选方案
1
2
3
4
5
6
7

坐上大兴机场线，可以安心了，大及随手拿起一本杂志翻阅起来。咦，刚通航的大兴机场可是热门建筑，这本杂志里的报道还挺详细。

原来 2011 年就进行了大兴机场的方案征集，有七家国内外设计单位和设计联合体参加。法国巴黎机场工程公司的方案确定为实施方案，之后，法国巴黎机场工程公司联合英国扎哈 · 哈迪德事务所对方案进行了优化，再由北京市建筑设计研究院有限公司和中国民航机场建设集团公司完成最终设计，确定了大兴机场现在的样子。

最终方案是一座集中型航站楼，它的形态由 7 个直径 1.2 千米的圆形互相切割而成。航站楼有 5 条放射状的候机廊，这种形态能在有限的空间内增加停靠飞机的建筑边长，从而排下更多的登机廊桥，连接更多的飞机。而旅客从航站楼中心点不论走到哪条候机廊的最远登机口，都只有 600 米距离，步行只需要 8 分钟。

❶ 英国福斯特及合伙人建筑设计事务所方案
❷ 北京市建筑设计研究院有限公司及中国民航机场建设集团公司联合体方案
❸ 法国巴黎机场工程公司方案
❹ 英国扎哈 · 哈迪德事务所等五家联合体方案
❺ 上海华东建设设计研究院有限公司与新加坡 CPG 咨询有限公司联合体方案
❻ 美国 HOK 建筑事务所与荷兰 NACO 机场咨询公司联合体方案
❼ 英国奥雅纳工程顾问公司与英国罗杰斯建筑事务所联合体方案
❽ 最终实施方案

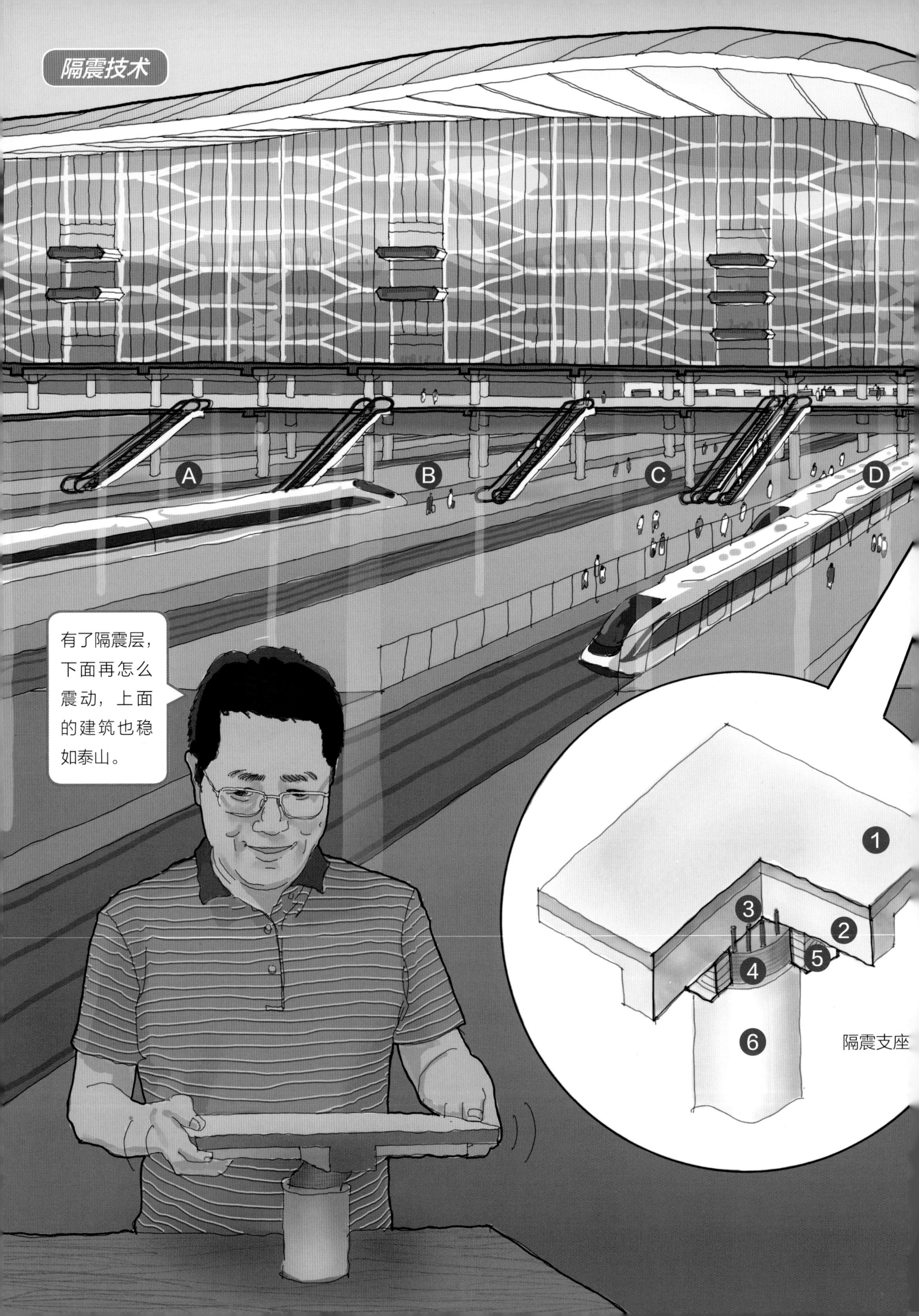
隔震技术
A
B
C
D
有了隔震层，下面再怎么震动，上面的建筑也稳如泰山。
1
2
3
4
5
6
隔震支座

地铁又快又稳，很快到站了。

车站就在航站楼的地下，这里汇集了很多条轨道交通线路，加起来相当于北京火车站的规模呢。因此大兴机场不仅仅是一个机场，更是一座大型的综合交通枢纽。

这么多条轨道交通线路位于航站楼下面，时速 300 千米 / 小时的高铁列车还会通过不停车，那么列车行驶时产生的强烈震动会不会影响上面的建筑呢？不用担心，结构工程师早就考虑了这一点：航站楼与轨道交通车站之间的柱头上，有一层橡胶垫，通过橡胶垫的缓冲，可大大降低轨道交通震动对航站楼的影响，也使航站楼更能抵抗地震的侵袭。而且，像钢梁和柱子这样的结构件的尺寸都可以缩减，大大节省了建筑材料。

这层橡胶垫的学名是隔震支座，由钢板和橡胶复合而成。大兴机场最大的隔震支座直径有 1.5 米，创造了世界纪录呢。

1 混凝土楼板
2 混凝土梁
3 连接钢筋
4 隔震支座
5 防火包封
6 混凝土柱

A 城际铁路联络线
B 预留线
C 地铁 R4 线
D 地铁大兴机场线
E 京雄城际铁路

地铁车门一打开，大及第一个冲了出去。是为了赶时间吗？不，他要先一饱眼福。“这里可真大啊！”大及看得张大了嘴巴。

乘坐轨道交通来的旅客在地下一层就可以办理值机并通过安检进入候机区，你能在图上找到这条线路吗？

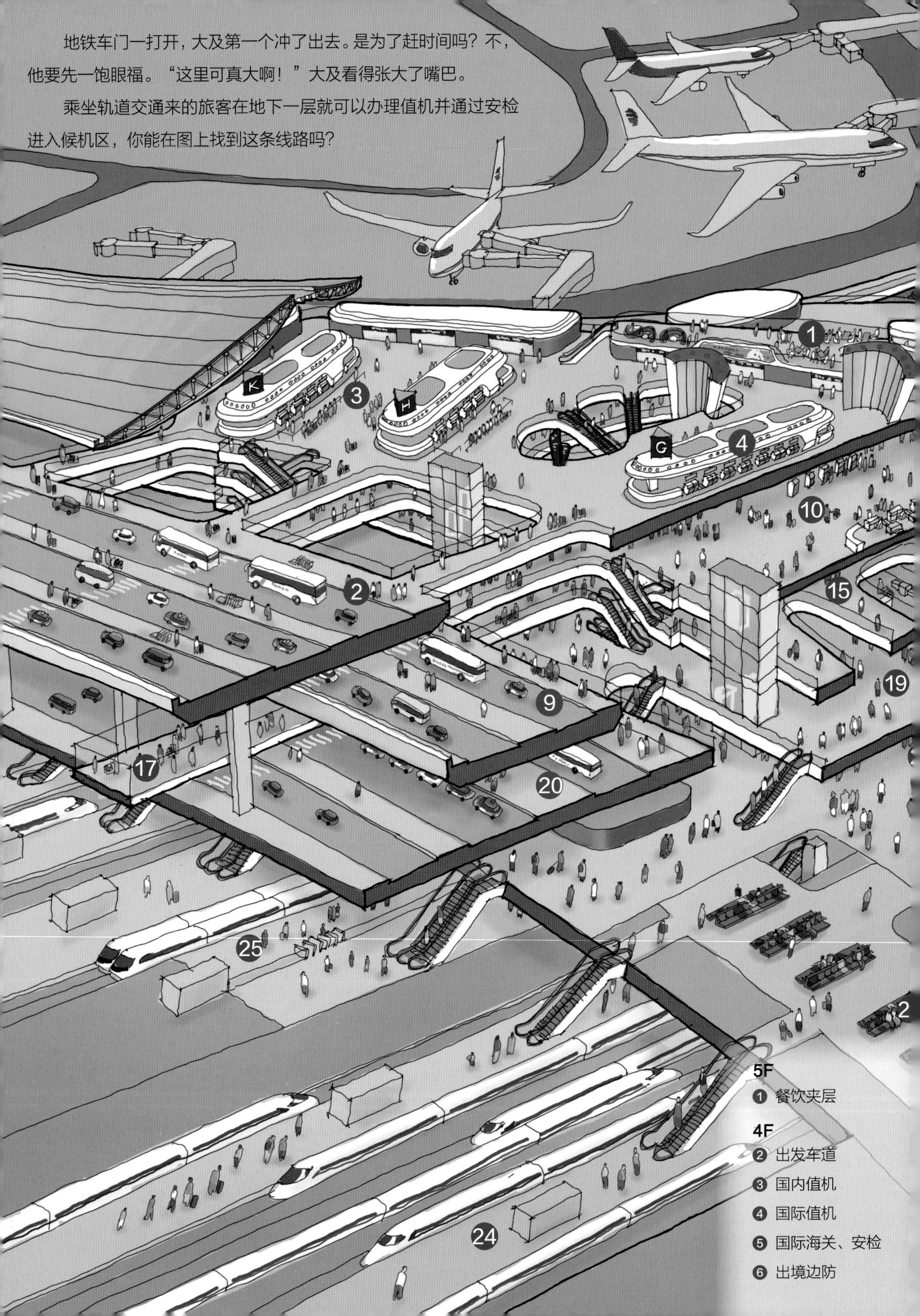

集约高效的航站楼
13
8
7
12
6
5
11
16
14
18
21
三层出发、双层到达，在大型国际机场是首创，它使得机场更加集约高效，足以承担每年 7200 万人次的旅客流量。
3F
⑦ 国际商业区
⑧ 国际出发候机
⑨ 出发车道
⑩ 快速值机
⑪ 国内安检
2F
⑫ 国内出发到达混流商业区
⑬ 国内出发候机
⑭ 国内行李厅
⑮ 国内迎候厅
⑯ 天空美术馆（规划）
⑰ 通往停车楼、酒店、办公楼
1F
⑱ 国际行李厅
⑲ 国际迎候厅
⑳ 到达车道（大巴、出租车）
B1
㉑ 轨道值机
㉒ 轨道安检
㉓ 高铁候车厅
B2
㉔ 高铁站台
㉕ 地铁大兴机场线站台

完善的商业空间

机场的海关、安检和边防流程都支持自助通关，大及一家顺利通过，就等着登机了。看看手机，时间居然还挺富余，一家人可以好好地逛逛机场了。

大兴机场的商业面积达到 5.3 万平方米，航站楼内共有 348 家商业店铺，首期面向旅客开放 298 家，包括零售、餐饮、旅业、便利店等。正好是中午，一定要好好吃一顿。商业空间可真热闹，有各种活动。看，乐队正在那边演出呢。

壮观的 C 形柱

乐队身后的 C 形柱太惹眼了，大及原来只是从网上和杂志上看到了一些信息，亲眼看到后，他嘴巴大开，再也闭不上了。这是个多么有技术含量的结构！

C 形柱因为平面呈“C”字形而得名，设计成这样可不仅仅为了好看，它的承重也是相当惊人。航站楼中心区 15 万平方米的屋面，就靠 8 根这样的 C 形柱支撑起来。由 C 形柱延伸出来的异形网架结构，覆盖了整个航站楼。

C 形柱不仅可以起到支撑作用，其开口的一面可以为航站楼内部采光。起初所有 C 形柱都被设计为开口朝向航站楼中心，后来经过计算机模拟分析，发现这样的设计会让航站楼中心区太亮、周围太暗，于是设计师将 C 形柱的方向调转 180 度，变成现在这个样子，航站楼里的采光也更加均匀了。

4
3
9
5
8
10
11
最高标准，最严要求！
1

天窗与参数化设计
我剪，我剪，
我剪剪剪……

大及定了定神儿，又把目光投向了蜘蛛网一样的天窗，透过这些格子，看到了白色的云和蓝色的天空。

大兴机场最为引人注目的就是航站楼流畅的曲线外观。组成这些复杂曲线的玻璃、铝板，每一块都不相同，它们准确设计、加工、安装，都离不开数字技术的大量应用。

设计中，大到结构骨架的安排，小到每一块铝板的划分，都是通过计算机编程控制生成的，这种全新的设计方式，叫作“参数化设计”。这些板块的加工，也都是通过数控机床实现的，每一块单独加工、单独编号，到施工现场后根据编号对位安装，毫无偏差。

虽然大兴机场大量应用电脑技术才得以建成，然而设计的灵感还要依靠人脑来寻找。比如中央天窗六向对称的雪花状造型，就是建筑师从剪纸中找到的灵感。

中国园里陈列着一件叫“石径”的艺术品——石头上刻着天书一般的字，大及一个也不认识。其实这是艺术家以中国书法的方式在十九个石凳上刻出的英文，其中文原文为南宋学者、诗人朱熹的《观书有感》。明白了个中奥妙，大及也似懂非懂地把这些诗句读了出来。

大兴机场在国内首次把公共艺术的概念引入进来，在不同部位陈列了二十多件艺术品，另有一座“天空美术馆”也在规划设计中。

到处看啊逛啊，来到候机廊的端部，大及突然眼前一亮：一座中式花园！这座花园名为中国园，面积虽小，池水廊亭一应俱全。廊亭上有精致的传统苏式彩绘，匾额楹联点缀其间。

机场在五条候机廊的端部各设置了一座花园，除了中国园外，还有“丝”“茶”“瓷”“田”四座，代表了古代通过丝绸之路出口的物产。五个花园又对应红白黑青黄五种颜色以及中国传统的五行观念。

功能多样的外围护系统

登机时间快到了，大及一家来到登机口，坐下来休息一会儿。当然，即便是休息，大及的眼睛和脑袋也没闲着，他不停地四处张望。航站楼里真是舒适明亮，将航站楼封闭起来，形成内部小环境的，就是外围护系统了。如果说钢结构是航站楼的骨架，那么外围护系统就是航站楼的皮肤，它为旅客们遮风挡雨、保暖遮阳，还可保证通风采光。

2
2
2
6
4
❶ 巨大的屋面檐口为室内遮阳
❷ 双层的屋面结构，在中间形成流动的空气层，将屋顶的热气排出
❸ 幕墙的中空低辐射玻璃，可以隔绝红外线，只让可见光进入室内，既采光又隔热
❹ 采光顶为建筑中部带来充足的自然采光，玻璃的中空层里，还夹有智能优化的金属遮阳网，减少热量进入室内
❺ 进风口隐藏在二层出挑部分的下面，既美观又防水
❻ 顶部的窗户排出室内热气，在天气好时室内可以不开空调。万一发生火灾还能够排出室内烟气

有超级保险的屋面

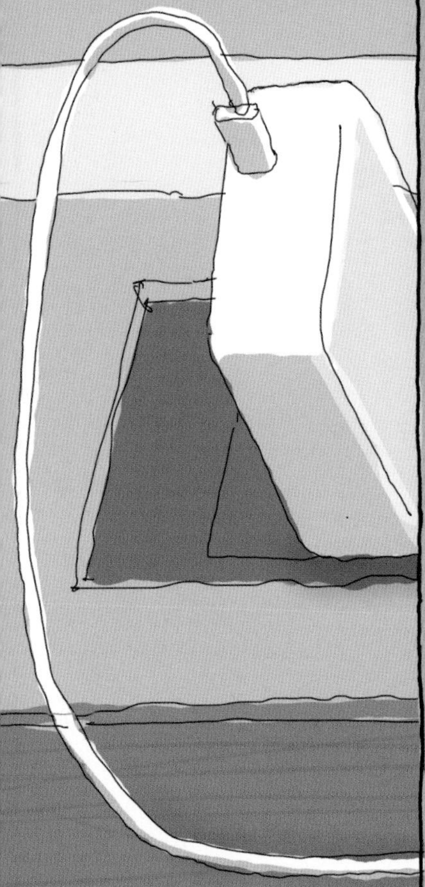

屋面是外围护系统里最大也是最重要的组成部分。大及赶紧打开电脑，上网一查，嘿！大兴机场的屋面系统可不简单哟，它由十几层组成，这样的构造，也是世界首创。为了验证屋面设计的可行性与可靠性，工程师们做了大量的研究与实验，包括将屋面 1:1 的实际构造样板拿到国家的风洞实验室去测试。样板经受住了 180 千米 / 小时的风速，相当于十七级大风的考验。在北京及附近地区，很少有超过十级的大风，这可是给屋顶安全加了超级保险。

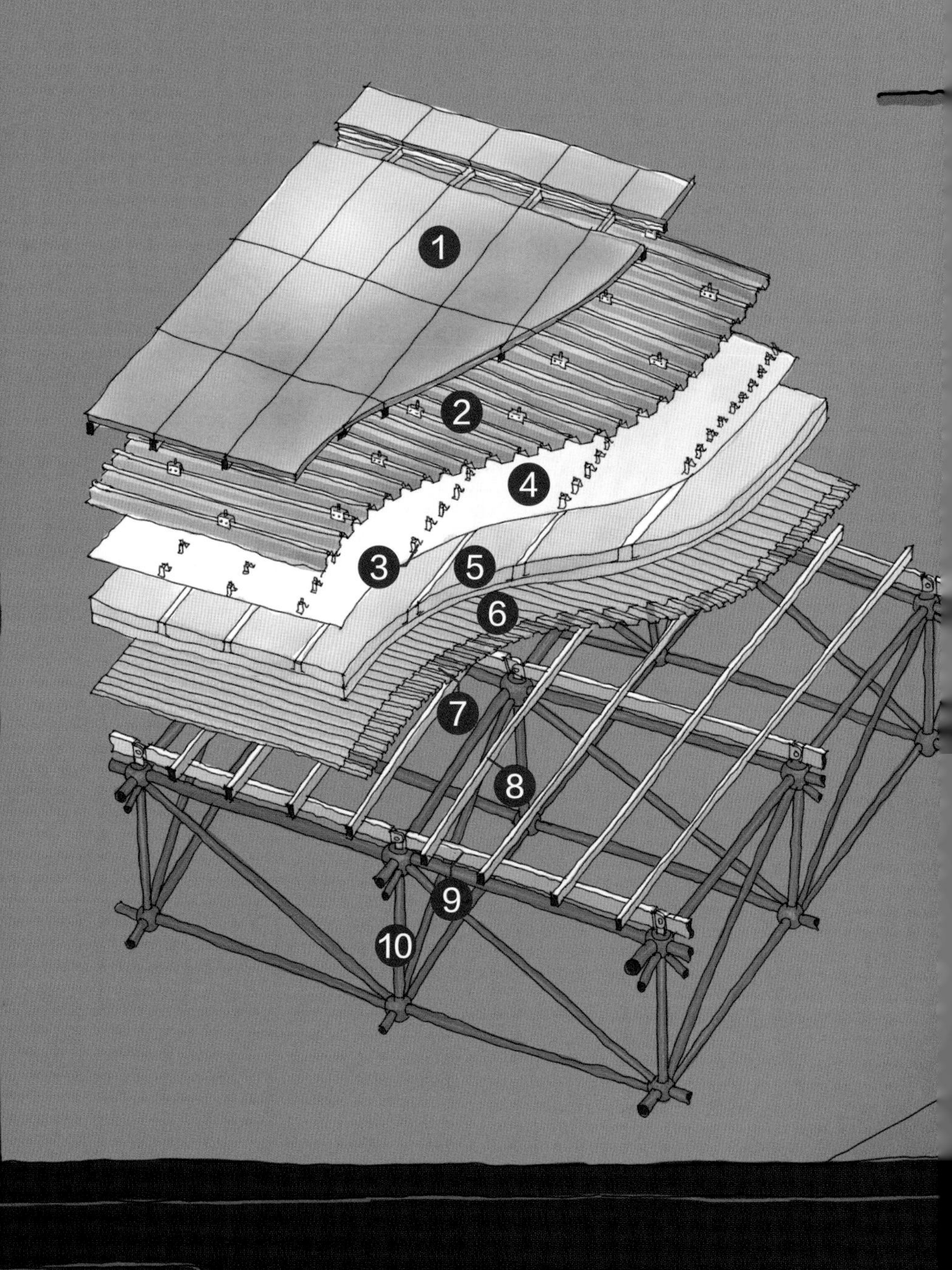

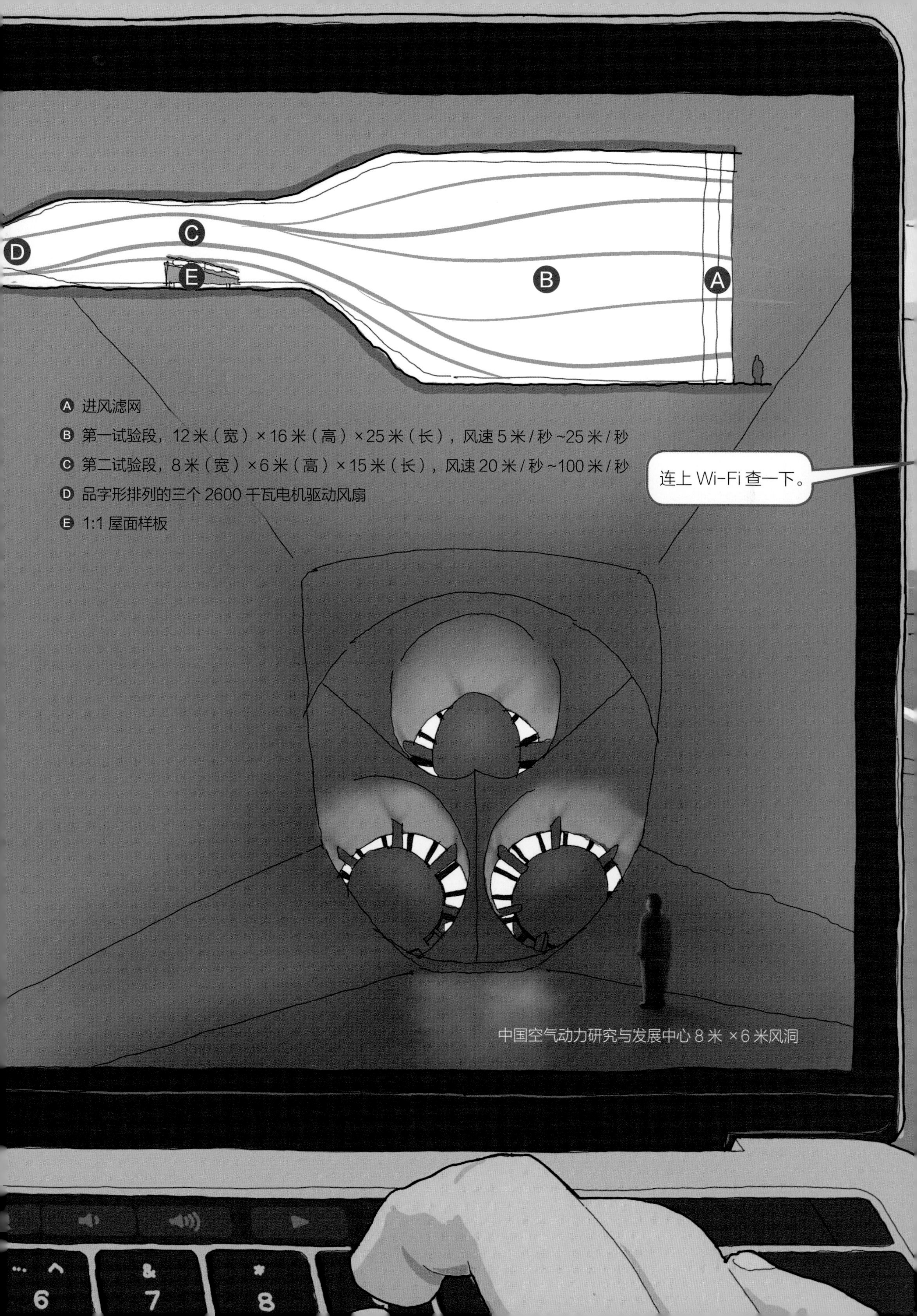
D
C
E
B
A
A 进风滤网
B 第一试验段，12 米（宽）× 16 米（高）× 25 米（长），风速 5 米 / 秒 ~25 米 / 秒
C 第二试验段，8 米（宽）× 6 米（高）× 15 米（长），风速 20 米 / 秒 ~100 米 / 秒
D 品字形排列的三个 2600 千瓦电机驱动风扇
E 1:1 屋面样板
连上 Wi-Fi 查一下。
中国空气动力研究与发展中心 8 米 ×6 米风洞

绿色节能的机电系统

大及见识了航站楼的“骨架”和“皮肤”，继续查下去，发现还有很多“器官”“血管”和“神经”支撑着机场的舒适环境和高效运行，它们就是机电系统。这些表面上看不到的设施，有更深层次的科技含量。它们在服务旅客的同时，也保障着机场安全。

大兴机场的机电系统不仅运作高效，而且绿色环保，它可是获得了绿色建筑三星和节能建筑 3A 两个最高级别的绿色节能认证的。

1. 综合机电单元
2. 空气循环处理机组
3. 消火栓
4. 消防水炮，可以向着火的部位喷水
5. 摄像头
6. 手机信号覆盖
7. 无线网络覆盖
8. 机场广播
9. 分层式的送风方式，只保证旅客活动区域的舒适，减少不必要的能耗
10. 幕墙散热器
11. 反射照明，把吊顶打亮，从而提供柔和舒适的照明

12
⑫ 下射照明
⑬ 厨房
⑭ 厨房油脂分离器
⑮ 厨房油烟净化器
⑯ 污水井
⑰ 雨水井
⑱ 消防水泵
⑲ 消防水池
⑳ 空调送风机组
㉑ 配电机房
㉒ 弱电机房
㉓ 机电综合管廊
11
13
10
所有用电的设备，都离不开我们的设计。
21
14
15
17
16
20

多种规格的登机廊桥

时间到了，广播提醒乘客们抓紧登机了。大及和爸爸妈妈排着队往里走，他们坐经济舱，人多。但是不少旅客都走自助登机通道，感觉比以前快了不少。不能小看登机廊桥，这里面也有不少学问呢。

针对不同的机型，以及国内、国际航班不同的流程要求，登机廊桥做了不同的设计。大兴机场的登机廊桥分为六大类，国际国内各三类，分别对应停靠一架 F 类飞机、一架 E 类飞机，和两架 C 类飞机。结合具体的部位和飞机排布，每一座登机廊桥都不相同。

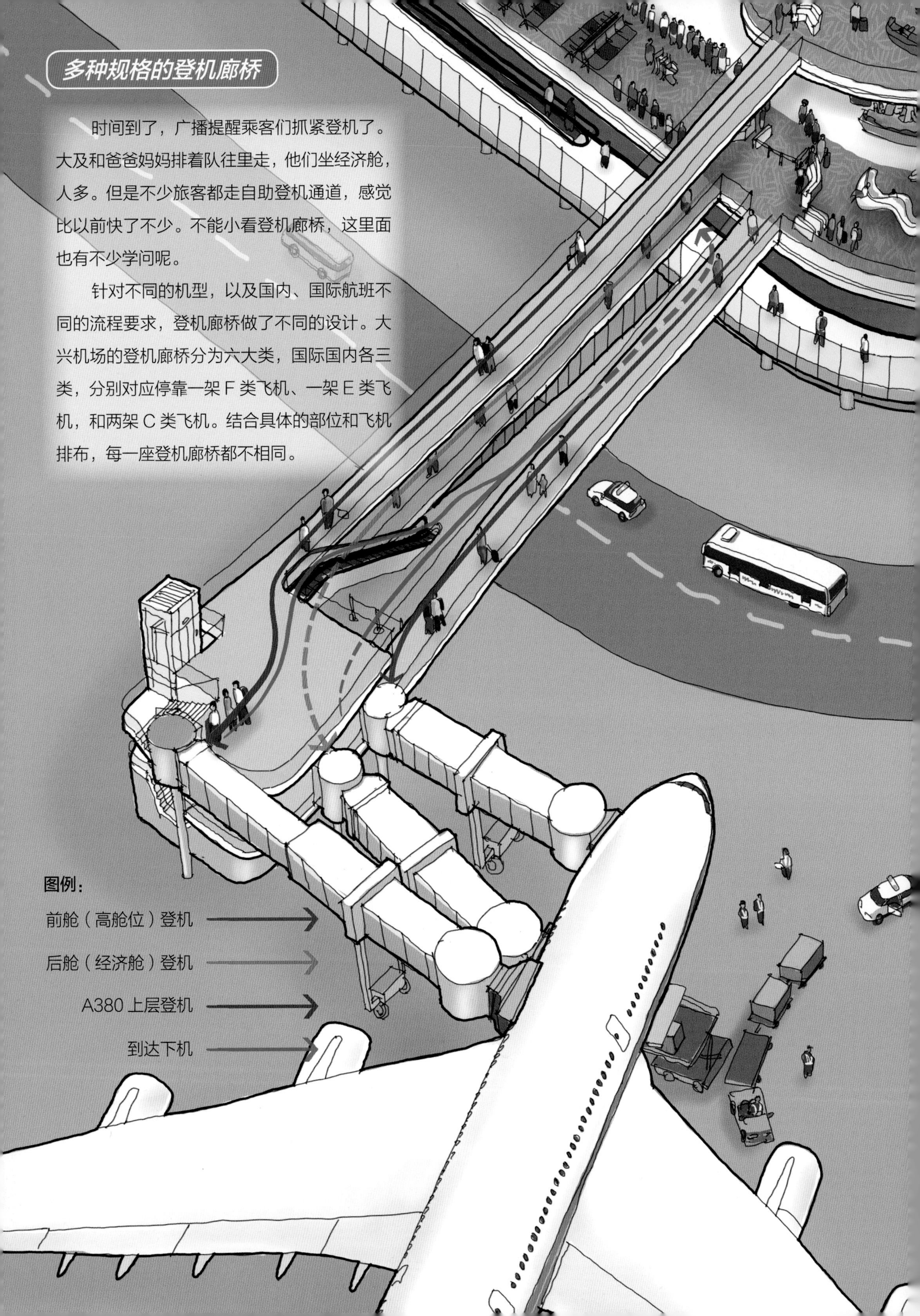

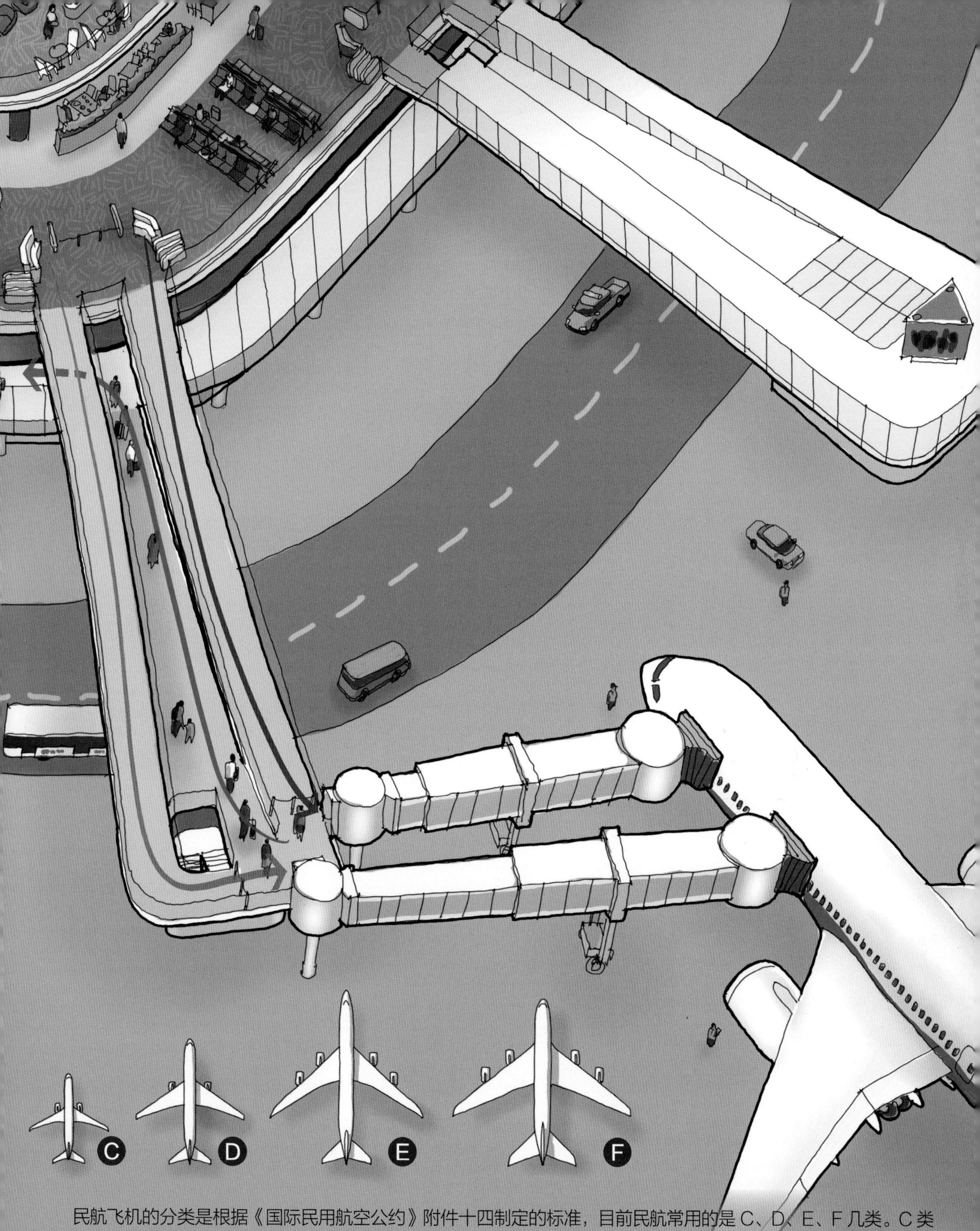

民航飞机的分类是根据《国际民用航空公约》附件十四制定的标准，目前民航常用的是 C、D、E、F 几类。C 类是指基准飞行场地 * 长度 1200~1800 米，翼展 24~36 米的飞机，代表机型有波音 B737、空客 A320 等；D、E、F 类是指基准飞行场地长度在 1800 米以上的飞机。其中 D 类翼展 36~52 米，代表机型有波音 B757、B767 等；E 类翼展 52~65 米，代表机型有波音 B747、空客 A340 等；F 类翼展 65-80 米，代表机型有空客 A380、波音 B747-8 等。

★ 基准飞行场地指在标准条件下和某种飞机所规定的起飞重量下，该种飞机起飞所需要的最小飞行场地长度。

能够即时跟踪的行李系统

大及的座位是临窗的，这可是他每次坐飞机的第一选择。系好安全带，查看手机APP，看到托运的行李也已经装载完毕了，大及轻松地吐了一口气。要知道，以前丢过一次行李，可是给大及惹了不少麻烦。大兴机场采用了智能化的行李系统，旅客可以像查看快递一样查看行李的进程，再也不怕丢行李了。

行李系统可是一座机场里非常重要的系统，它不仅复杂，而且要占用不少的空间。你能在图中找到行李从托运到装机的路线吗？

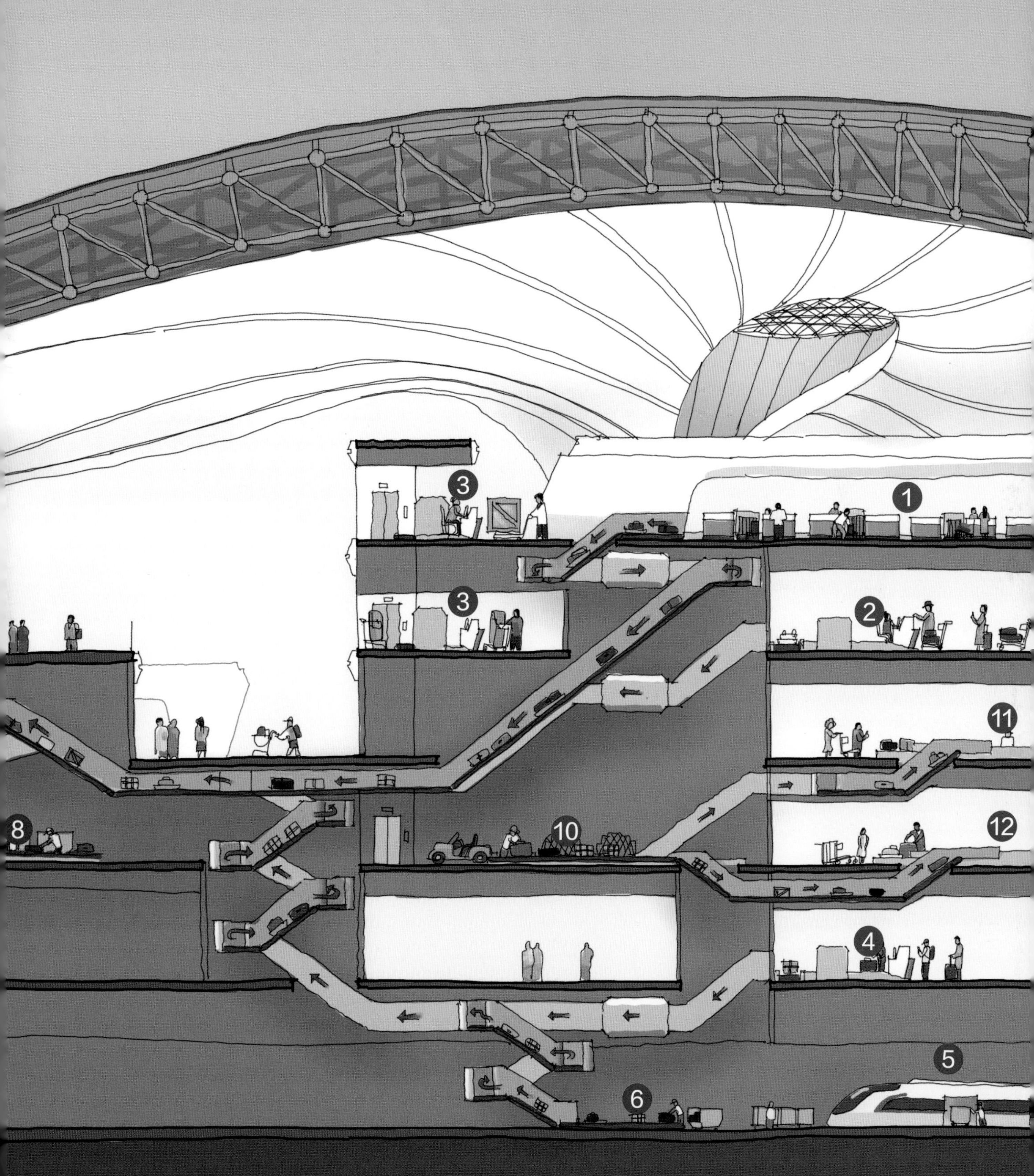

1 四层值机行李托运
2 三层值机行李托运
3 大件行李托运
4 地下一层轨道值机行李托运
5 地铁大兴机场线行李车厢
6 地铁大兴机场线行李传送台
7 行李分拣系统
8 出发行李装载转盘
9 行李装机
10 到达行李上包台
11 国内行李提取转盘
12 国际行李提取转盘

起飞!

起飞了!

大及往下看去，整个大兴机场都被收进舷窗里，越来越小。忙忙碌碌进进出出的车辆和人们井然有序，那金色的屋面反射出明亮的光芒。连爸爸也伸直了脖子，使劲儿往下看。

第一次在大兴机场乘机出行，真是一次超棒的体验，忙而不乱，却看得眼花缭乱。不知道从国外返回时，乘坐的飞机能否降落在这里，如果能从高到低再次拥抱新机场，那样的体验才算完整吧。不管怎样，下次一定要及时出门了。

❼ 航站楼中心区混凝土结构为 513 米 ×411 米不设缝，是世界上最大的混凝土楼板，它的面积超过了鸟巢的占地面积。

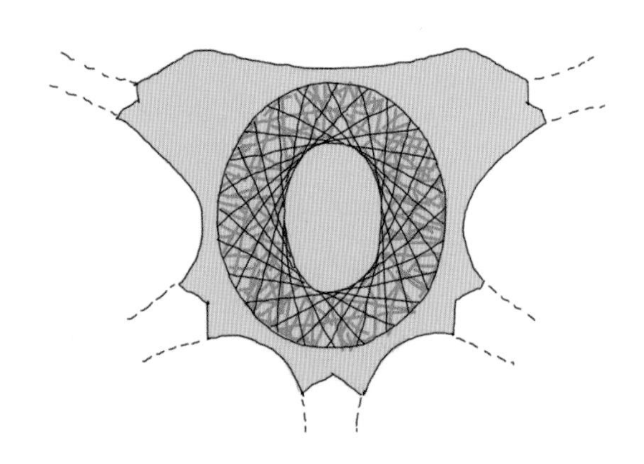

❽ 航站楼中心的结构跨度达到了 180 米，可以将水立方装在里面。

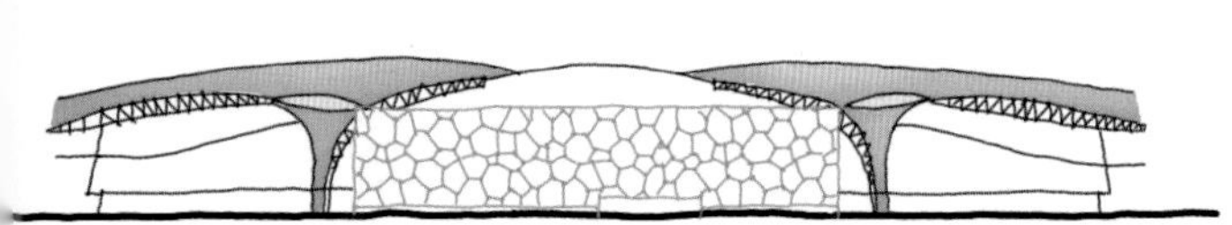

❾ 大兴机场建设高峰期有约 5 万名工人在现场施工。

❿ 航站楼的异形网架结构，由 20772 个球形节点、118723 根结构杆件编织而成。

⓫ 航站楼采光顶共安装了 7729 块玻璃。

⓬ 航站楼屋面使用了 88539 块金色的铝板。

⓭ 大兴机场金色的屋面设计灵感源自夕阳下紫禁城琉璃瓦。

⓮ 中国园的格局参考了苏州的畅园。

⓯ 实测数据表明，在夏季的阳光下，航站楼双层屋面的下层表面比上层表面温度低 10 摄氏度左右。

⓰ 书中出现的设计师、建筑师等都是大兴机场实际的设计、建设者。

⓱ 书中多次出现北京大兴国际机场的三字代码“PKX”和四字代码“ZBAD”，你能找到它们吗？

⓲ 北京大兴国际机场的英文缩写为 BDIA。

你知道吗？

1. 大兴机场距离北京市中心约 46 千米，距离天津市中心约 82 千米，距离雄安新区约 55 千米，处于京津冀的中心地带。

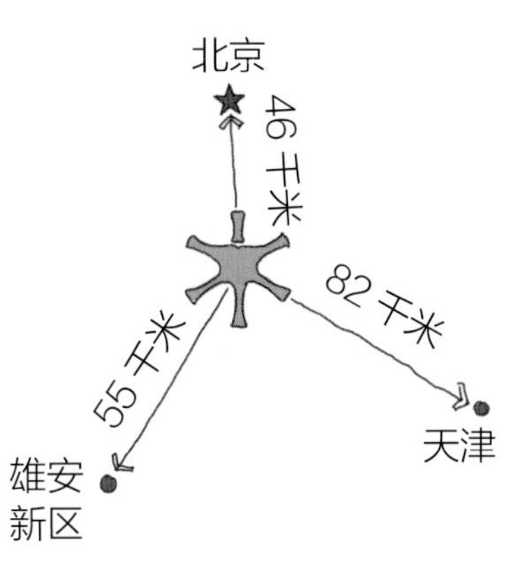

2. 大兴机场航站楼中轴线与北京城市中轴线的夹角 4.7734 度。

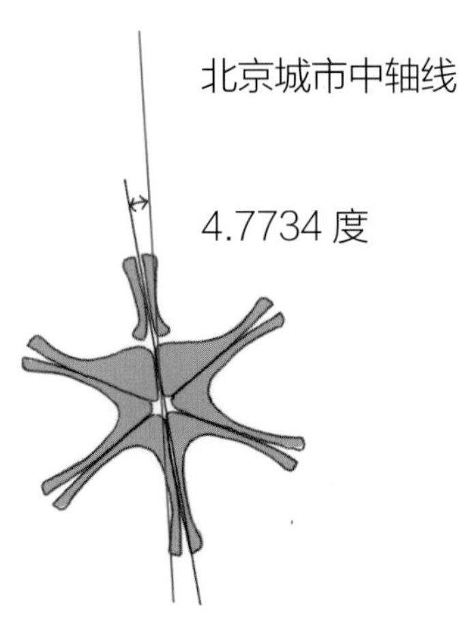

3. 大兴机场本期年旅客吞吐量为 4500 万人次；建成卫星厅后年旅客吞吐量为 7200 万人次。

4. 远期建设南航站区后年吞吐量将超过 1 亿人次。

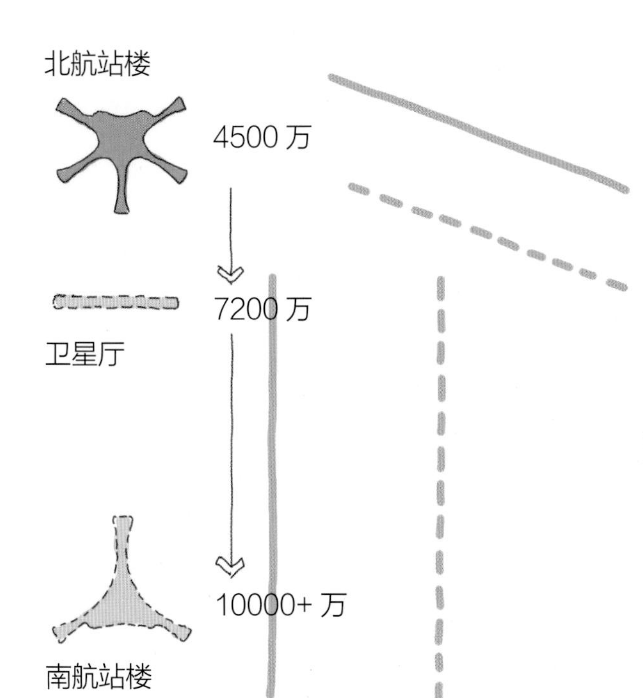

5. 大兴机场航站区的总建筑面积达到 143 万平方米，可以铺满 180 个标准足球场。大兴机场航站楼可以停靠 79 架飞机，这些飞机排起队来约 4 千米，可以从北京东单排到西单。

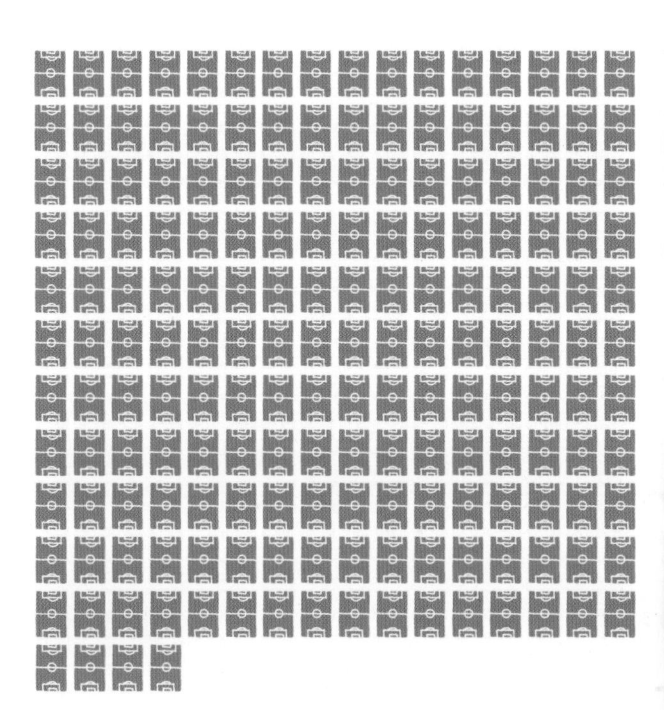

西单　　东单

6. 大兴机场航站楼使用了 1152 个隔震支座，是世界上最大的减隔震建筑。

2
5
4
3
10
9
❶ 北一跑道，国内第一条侧向跑道，主要用于起飞，可以轻松飞往中国上海和日韩方向，为航班分流
❷ 东一跑道
❸ 西二跑道
❹ 西一跑道
❺ 指挥塔台
❻ 综合服务楼，内部设有办公楼和酒店
❼ 机场工作区
❽ 航空食品基地
❾ 机务维修区，这里建有亚洲最大的机库
❿ 航空消防站
⓫ 公务机楼
⓬ 蓄滞洪区，地面是一个大公园，地下埋着地源热泵设备，为机场提供绿色的能源